BEI GRIN MACHT SICH IHR WISSEN BEZAHLT

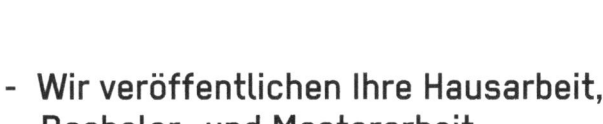

- Wir veröffentlichen Ihre Hausarbeit,
  Bachelor- und Masterarbeit

- Ihr eigenes eBook und Buch -
  weltweit in allen wichtigen Shops

- Verdienen Sie an jedem Verkauf

Jetzt bei www.GRIN.com hochladen und kostenlos publizieren

Bibliografische Information der Deutschen Nationalbibliothek:

Die Deutsche Bibliothek verzeichnet diese Publikation in der Deutschen National-
bibliografie; detaillierte bibliografische Daten sind im Internet über http://dnb.d-
nb.de/ abrufbar.

Impressum:

Copyright © 2016 GRIN Verlag
Druck und Bindung: Books on Demand GmbH, Norderstedt Germany
ISBN: 9783668665323

Dieses Buch bei GRIN:

https://www.grin.com/document/417148

Jonas Renk

Düngung mit Gärresten aus der Fermentation nachwachsender Rohstoffe in Biogasanlagen

GRIN Verlag

GRIN - Your knowledge has value

Der GRIN Verlag publiziert seit 1998 wissenschaftliche Arbeiten von Studenten, Hochschullehrern und anderen Akademikern als eBook und gedrucktes Buch. Die Verlagswebsite www.grin.com ist die ideale Plattform zur Veröffentlichung von Hausarbeiten, Abschlussarbeiten, wissenschaftlichen Aufsätzen, Dissertationen und Fachbüchern.

Besuchen Sie uns im Internet:

http://www.grin.com/

http://www.facebook.com/grincom

http://www.twitter.com/grin_com

Schriftliche Ausarbeitung

zum Thema

DÜNGUNG MIT GÄRRESTEN

AUS DER FERMENTATION NACHWACHSENDER ROHSTOFFE

IN BIOGASANLAGEN

im Modul Nachwachsende Rohstoffe und Naturschutz

am Wissenschaftszentrum Weihenstephan (WZW)

der Technische Universität München (TUM)

10. April 2016

Wintersemester 2015/16

Bearbeitung: Jonas Renk (B.Eng.)

Studiengang: M.Sc. Umweltplanung und Ingenieurökologie (UPIÖ)

Gliederung

1   Einführung

Nachwachsende Rohstoffe wurden in Deutschland laut Fachagentur Nachwachsende Rohstoffe e.V. (FNR) (2015) im Jahr 2014 auf insgesamt ca. 2,49 Millionen Hektar Land angebaut. Die Anbaufläche lag damit höher als in den vorangegangenen Jahren. 2005 betrug die Anbaufläche für nachwachsende Rohstoffe noch ca. 1,4 Millionen Hektar, also etwa 1 Millionen Hektar weniger als 2014. Auf ca. 1,39 Millionen Hektar der Anbaufläche für nachwachsende Rohstoffe von 2014 (also etwa 56 %) wurden im selben Jahr speziell Energiepflanzen für die Biogasproduktion angebaut. (FNR 2015, 11)

Der Anbau nachwachsender Rohstoffe hat also innerhalb des letzten Jahrzehnts sehr stark zugenommen und der Anbau von Energiepflanzen für die Erzeugung von Biogas spielt in diesem Zusammenhang eine entscheidende Rolle. Bei der Biogasproduktion auf der Grundlage nachwachsender Rohstoffe fallen nach dem Fermentationsprozess in der Biogasanlage in großem Umfang Gärreste an. Diese können bei geeigneter Zusammensetzung des verwendeten pflanzlichen Ausgangsmaterials als effektives und gleichzeitig effizientes Düngemittel genutzt werden und es ist auch davon auszugehen, dass die Gärreste bislang fast ausschließlich zur Düngung verwendet werden. Zwar werden inzwischen auch andere Verwertungsmöglichkeiten entwickelt, wie zum Beispiel Verfahren zur stofflichen Nutzung von Gärresten aus der Fermentation lignocellulosehaltiger (also überwiegend gehölzartiger) Pflanzen in der Holzwerkstoffindustrie (NOVA-INSTITUT GMBH 2014, 1), doch werden solche alternativen Verfahren zur Nutzung der Gärreste bisher sicherlich nur in vergleichsweise sehr geringem Umfang genutzt. (Im Fall der stofflichen Nutzung in der Holzwerkindustrie hängt dies wahrscheinlich auch damit zusammen, dass für die Biogasproduktion aus nachwachsenden Rohstoffen vorzugsweise halmgutartiges und nicht gehölzartiges Material verwendet wird.)

Es ist davon auszugehen, dass durch den erheblichen Anstieg der Biogasproduktion in Deutschland neben der Anbaufläche für Energiepflanzen für die biochemische Verwertung gleichzeitig auch die Fläche, auf der Biogasgärreste zur Düngung ausgebracht werden, stark zugenommen hat. Dadurch hat in Deutschland auch die Frage an Bedeutung gewonnen, wie sich die Düngung mit Biogasgärresten auf Natur und Umwelt auswirkt und wie diese Form der Düngung auf eine möglichst umweltverträgliche Art erfolgen kann.

In der vorliegenden Arbeit wird im Folgenden zunächst allgemein auf Biogasgärreste und deren Bedeutung als Düngemittel eingegangen (Kapitel 2). Anschließend befasst sich die Arbeit mit den Umweltauswirkungen der Düngung mit Gärresten aus der Fermentation von nachwachsenden Rohstoffen (Kapitel 3). Konkrete Maßnahmen zur Minimierung negativer Umweltauswirkungen beziehungsweise zur Förderung positiver Umweltauswirkungen der Gärrestdüngung sind in einer Tabelle zusammengefasst und nach eigener Einschätzung hinsichtlich ihrer positiven Wirksamkeit nach eigener Einschätzung bewertet (Kapitel 4). Danach werden Instrumente erläutert, die eine möglichst umweltverträgliche Düngung mit Gärsubstrat sicherstellen sollen beziehungsweise fördern können (Kapitel 5). Abschließend wird aus den Ergebnissen der Arbeit ein Fazit gezogen (Kapitel 6).

Es sollte berücksichtigt werden, dass die vorliegende Arbeit speziell solche Biogasgärreste untersucht, die aus der Fermentation ausschließlich nachwachsender Rohstoffe im Sinne von Pflanzen, also insbesondere von halmgutartigen Energiepflanzen wie Silomais, entstehen, die als solche das Ausgangsmaterial der Biogasproduktion bilden. Auf Gärreste aus der

Fermentation von anderem Ausgangsmaterial, wie zum Beispiel Rindergülle, wird in der Arbeit nicht explizit eingegangen. Auch wird nicht auf die Düngung mit Gärresten eingegangen, die Klärschlamm als Ausgangsmaterial beinhalten, da der Koalitionsvertrag der Bundesregierung die Beendigung der Klärschlammausbringung zu Düngezwecken vorsieht (BUNDESREGIERUNG 2013, 120). Jedoch werden in der Arbeit zahlreiche Themen angesprochen, die nicht nur speziell Biogasgärreste aus nachwachsenden Rohstoffen, sondern Düngemittel insgesamt betreffen. An einzelnen Stellen wird auch auf Umweltauswirkungen eingegangen, die durch die Gärrestdüngung im Gegensatz zu anderen Düngungsformen explizit nicht hervorgerufen werden. Es sollte ferner bedacht werden, dass sich die Arbeit speziell mit dem Düngungsprozess im Sinne der Ausbringung des Düngemittels auf landwirtschaftlichen Nutzflächen beschäftigt. Auf Umweltauswirkungen und Maßnahmen, die mit dem landwirtschaftlichen Betriebsablauf außerhalb des Düngungsprozesses zusammenhängen, wird nur am Rande eingegangen.

2   Biogasgärreste als effizientes Düngemittel

Bei Gärresten aus der Biogasproduktion, also der biochemischen anaeroben Vergärung von nachwachsenden Rohstoffen in Biogasanlagen, ist analog zu den beiden Fermentationsverfahren - Flüssigfermentation und Trockenfermentation - auch zwischen flüssigem und festem Gärsubstrat zu unterscheiden.

Meist handelt es sich bei den zur Düngung auf landwirtschaftlichen Nutzflächen genutzten Biogasgärresten aus nachwachsenden Rohstoffen um Wirtschaftsdünger. „Gärreste aus Biogasanlagen werden zu den Wirtschaftsdüngern gezählt, wenn sie aus der Vergärung von in landwirtschaftlichen, forstwirtschaftlichen oder gartenbaulichen Betrieben angefallenen pflanzlichen Materialien (...) entstammen". (LfL und LrU 2009, 7)

Die hohe Bedeutung des Gärsubstrats als Düngemittel liegt zum einen darin begründet, dass sich dieses - bei geeignetem Ausgangsmaterial - durch einen hohen Nährstoffgehalt und eine hohe Düngerwirksamkeit auszeichnet. Denn die im Ausgangsmaterial der Biogasproduktion enthaltenen Nährstoffe bleiben nach dem Abbauprozess in den Gärresten weitestgehend erhalten und sind größtenteils düngerwirksam (KEYMER 2012, 7-8). Das im Gärrest enthaltene Phosphor und Kalium ist sogar vollständig düngerwirksam und ersetzt in vollem Umfang Mineraldünger (KEYMER 2012, 7-8). Hinsichtlich des im Gärsubstrat enthaltenen Stickstoffs handelt es sich zu einem großen Teil um Ammonium-Stickstoff. Diese Stickstoff-Verbindung ist ein rasch pflanzenverfügbarer Nährstoff (LICHTI et al. 2012, 17). Ein Anteil von etwa 70 bis 80 % des Ammonium-Stickstoffs im Gärsubstrat ist im Anwendungsjahr düngerwirksam (KEYMER 2012, 7). Da Biogasgärreste „aus den verschiedensten Ausgangssubstanzen" stammen können, „die während des Gärprozesses in Abhängigkeit von der Verweildauer, der Temperatur und dem Mischungsverhältnis unterschiedlichen Abbauraten unterliegen", ist es grundsätzlich nicht sinnvoll von pauschalen Durchschnittswerten für Nährstoff- oder TS-Gehalte von Gärresten auszugehen (LfL und LfU 2009, 7). Jedoch haben Gärreste tendenziell „einen höheren Anteil pflanzenverfügbaren Stickstoffs als Wirtschaftsdünger tierischer Herkunft" wie zum Beispiel Rindergülle (LfL und LfU 2009, 7).

Bei Biogasgärresten als Wirtschaftsdünger liegt die hohe Bedeutung des Düngemittels neben dessen Effektivität zum anderen darin begründet, dass die Gärreste als Nebenprodukt der Biogasproduktion für einen landwirtschaftlichen Betrieb mit ackerbaulicher beziehungsweise

Grünland-Nutzung einen im Laufe der Biogasproduktion kontinuierlich entstehenden, kostenlosen Dünger bilden, der als solcher bei entsprechender Verfügbarkeit landwirtschaftlicher Nutzflächen darüber hinaus auch nicht entsorgt werden muss. Darin ähnelt Gärsubstrat anderen Wirtschaftsdüngern wie zum Beispiel Rindergülle, welche im Übrigen auch häufig für die Biogasproduktion genutzt wird.

3 Auswirkungen der Düngung mit Biogasgärresten aus nachwachsenden Rohstoffen auf die Schutzgüter

Im Folgenden werden die möglichen Umweltauswirkungen der Düngung mit Biogasgärresten aus nachwachsenden Rohstoffen auf die Schutzgüter Wasser (Kapitel 3.1), Boden (Kapitel 3.2), Luft und Klima (Kapitel 3.3), Flora und Fauna und deren Biotope sowie die biologische Vielfalt (Kapitel 3.4) behandelt. Zudem wird in Kapitel 3.5 kurz darauf eingegangen, inwieweit die Gärreste nach aktuellem Kenntnisstand eine Gefahr für die menschliche Gesundheit darstellen können.

Die Auswahl der Schutzgüter ist in Anlehnung an das Gesetz über die Umweltverträglichkeits-prüfung (UVPG) erfolgt (vgl. § 2 Abs. 1 S. 2 UVPG). Die Schutzgüter Landschaft (Landschaftsbild und Landschaftserleben) sowie Kultur und sonstige Sachgüter werden in dieser Arbeit jedoch nicht berücksichtigt. Zwar können Bau und Betrieb von Biogasanlagen sowie der Anbau von Energiepflanzen zur Verwertung in Biogasanlagen durchaus gewichtige Auswirkungen auf diese Schutzgüter haben. Im Hinblick auf direkte Auswirkungen speziell von Biogasgärresten im Rahmen des Düngungsprozesses werden im Vergleich zu anderen Düngemitteln aber keine wesentlichen Unterschiede hinsichtlich dieser Schutzgüter angenommen. Auch die Wechselwirkungen zwischen den Schutzgütern werden in diesem Kapitel nicht explizit abgehandelt.

In den folgenden Unter-Kapiteln werden sowohl solche Umweltauswirkungen behandelt, die nicht nur die Düngung mit Biogasgärresten, sondern Düngung auf landwirtschaftlichen Nutzflächen insgesamt betreffen als auch solche, die sich speziell auf Gärrestdüngung beziehen.

3.1 Auswirkungen auf das Wasser

3.1.1 Negative Auswirkungen und Risiken unangepasster Düngung in Bezug auf Oberflächengewässer

Unsachgemäße, also zumeist zeitlich und mengenmäßig nicht an den Nährstoffbedarf der Pflanzen angepasste Düngung auf landwirtschaftlichen Nutzflächen kann in Verbindung mit Oberflächenabfluss, Bodenerosion oder Grundwasserabfluss zur Belastung beziehungsweise Eutrophierung oberirdischer Gewässer durch zu hohe Stickstoff- und Phosphoreinträge führen. Übermäßige Nährstoffgehalte in bis dahin intakten Oberflächengewässern können auf Grund extremer Steigerung der Primärproduktion, insbesondere extremer Algenblüten, wiederum folgenschwere Beeinträchtigungen von Flora und Fauna der Gewässer zur Folge haben: „Sauerstoffmangel und die Verdrängung ursprünglicher Pflanzen und Tiere, die an die neuen Lebensbedingungen weniger gut angepasst sind, führen zu einem Verlust der Artenvielfalt in den Gewässern." (UBA 2015, Internet-Artikel).

3.1.2 Negative Auswirkungen und Risiken unangepasster Düngung in Bezug auf das Grundwasser

Durch unangepasste Düngung auf landwirtschaftlichen Nutzflächen kann es außerdem in Folge übermäßiger Stickstoffeinträge und Nitratauswaschung zur Nitratbelastung des Grundwassers und dadurch unter Umständen auch zu Gesundheitsrisiken kommen: „Im Grundwasser - und in der Folge dann im Trinkwasser - kann Nitrat unter bestimmten Bedingungen in das gesundheitlich bedenkliche Nitrit umgewandelt werden." (UBA 2009, 2) Häufig ist in Deutschland die unangepasste Düngung speziell mit Wirtschaftsdüngern für die Nitratbelastung des Grundwassers ursächlich (UBA 2015, Internet-Artikel), womit weitestgehend auch Biogasgärreste eingeschlossen sind. Dass die Nitratbelastung im Grundwasser in Deutschland ein erhebliches Problem ist, zeigt sich darin, dass in Bayern „der gemäß Grundwasserverordnung geltende Schwellenwert in Höhe von 50 mg/l für Nitrat (…) im Jahr 2014 in 3,4 % des zu Trinkwasserzwecken entnommenen Grundwassers überschritten" wurde. Außerdem waren in Bayern 2014 „knapp 16 % der gewonnenen Rohwassermenge mit Nitratgehalten zwischen 25 und 50 mg/l als `belastet´ bis ´stark belastet` einzustufen". (LfU 2015, 5)

3.2 Auswirkungen auf den Boden

3.2.1 Negative Auswirkungen und Risiken unangepasster Düngung in Bezug auf den Boden am Beispiel der Nitratbelastung

Zusätzlich zum gesundheitlichen Risiko der Nitratbelastung des Grundwassers als Folge unangepasster Düngung, kann das bei der Nitrifikation entstehende Nitrat, das nicht von den Pflanzen aufgenommen und in das Grundwasser ausgewaschen wird, zu einer Beschleunigung der Bodenversauerung und damit verbunden gleichzeitig zu „Veränderungen der Bodenstruktur und der Lebensbedingungen für Bodenmikroorganismen" führen. (UBA 2015, Internet-Artikel) „In der Folge kann dies Einfluss auf die Bodenfruchtbarkeit und auf die Erträge und die Qualität der pflanzlichen Produkte haben." (UBA 2015, Internet-Artikel)

3.2.2 Positive Auswirkungen der Biogasgärrestdüngung auf den Humusgehalt und die Aggregatstabilität des Bodens

Untersuchungsergebnisse aus verschiedenen Feldversuchen der Bayerischen Landesanstalt für Landwirtschaft (LfL) deuten nach BECK und BRANDHUBER (2012) darauf hin, dass die Verwendung von Dünger aus organischem Material eine Zunahme des Humusgehalts und der Aggregatstabilität bewirkt. Außerdem liefern die Untersuchungen der Feldversuche in Bayern den Hinweis, dass sich bei der Ausbringung separierter Biogasgärreste die Düngung mit festen Gärresten (separierte Festphase) wesentlich positiver auf den Humusgehalt und die Aggregatstabilität des Bodens auswirkt als die Düngung mit flüssigen Gärresten (separierte Flüssigphase). (BECK und BRANDHUBER 2012, 49)

3.3 Auswirkungen auf Luft und Klima: Negative Auswirkungen unangepasster Düngung mit Biogasgärresten am Beispiel der Ammoniak-Emissionen

Sowohl bei der Lagerung, als auch bei der Ausbringung von Wirtschaftsdüngern „wird Ammonium zu Ammoniak umgewandelt und kann in die Atmosphäre entweichen." (UBA 2015, Internet-Artikel) Ammoniak NH_3 beziehungsweise Ammonium NH_4 sind Luftschadstoffe, die zu erheblichen Belastungen von terrestrischen und aquatischen Ökosystemen führen können: „Versauerung und Nährstoffanreicherung in Böden und Gewässern sind Folgen, die kaum oder nur sehr langfristig wieder ausgeglichen werden können." (LfU 2013, 1) Bei der Ausbringung von Wirtschaftsdüngern „können sehr hohe Emissionen auftreten, wenn viel Ammonium im Düngemittel enthalten ist" und die Wirtschaftsdünger nicht zügig eingearbeitet werden. (LfU 2013, 2) Ammoniak-Emissionen lassen sich bei der Düngung mit Biogasgärresten zwar kaum vermeiden, sie sind „aber in der Höhe beeinflussbar". (KEYMER 2012, 8) „Je nach Witterung und Ausbringtechnik sind gasförmige Ammoniakverluste von weniger als 10 % bis weit über die Hälfte des NH_4-N möglich." (KEYMER 2012, 8) In der Tabelle in Kapitel 4 sind Maßnahmen enthalten, die nach KEYMER (2012) zur Reduktion der Ammoniakausgasung bei der Gärrestdüngung dienen.

Auf Grund des in Kapitel 2 erwähnten hohen Gehalts an Ammonium-Stickstoff in Biogasgärresten, ist bei der Gärrestdüngung grundsätzlich auch von erhöhten Ammoniak-Emissionen auszugehen, wenn keine entsprechenden Maßnahmen zur Reduktion vorgenommen werden.

Neben der Emission von Ammoniak kommt es bei der Düngung landwirtschaftlicher Nutzflächen mit Wirtschaftsdünger insbesondere zu Emissionen von Lachgas N_2O, bei dem es sich um ein „hochwirksames Treibhausgas" (UBA 2015, Internet-Artikel) handelt.

Essentiell ist auch im Hinblick auf den Schutz von Luft und Klima der geeignete Zeitpunkt der Düngung verbunden mit einer an den Nährstoffbedarf der Pflanzen angepassten Menge des Düngemittels.

3.4 Auswirkungen auf Tier- und Pflanzenarten und deren Lebensräume sowie auf die biologische Vielfalt

3.4.1 Negative Auswirkungen unangepasster Düngung auf die biologische Vielfalt

Wie in Kapitel 3.1.1 erwähnt, können durch unangepasste Düngung verursachte übermäßige Nährstoffeinträge in bis dahin intakte Oberflächengewässer erhebliche negative Auswirkungen auf Flora und Fauna beziehungsweise auf die biologische Vielfalt in Oberflächengewässern haben.

Doch auch in terrestrischen Ökosystemen kann eine unangepasste Nährstoffzufuhr, insbesondere übermäßige Stickstoff-Einträge, starke Beeinträchtigungen der Pflanzen und Tiere und deren Diversität bewirken, was auch wirtschaftlich nachteilige Folgewirkungen auf die Kulturen betreffender Nutzflächen mit sich bringen kann:

> „Pflanzen und Tiere, die an nährstoffarme Lebensbedingungen angepasst sind, können durch stickstoffliebende Arten die sich dann stärker ausbreiten, verdrängt werden. In der Folge kann es zu einer Vereinheitlichung der Vegetation und zu einem Rückgang

der biologischen Vielfalt kommen. Weiterhin verursacht die Stickstoffüberdüngung bei Kulturpflanzen (...) ein übermäßiges Wachstum in die Länge und weiche, schwammige Triebe, Zellen und Gewebe. Sie werden anfälliger gegenüber Frost und Hitze, die Lagerfähigkeit der Ernteprodukte nimmt ab und Pflanzenschädlinge sowie Bakterien- und Pilzkrankheiten können sich leichter ausbreiten. Ertragseinbußen bei landwirtschaftlichen Kulturpflanzen (...) können folgen." (UBA 2015, Internet-Artikel)

Übermäßige Nährstoffeinträge können auch „direkte toxische Reaktionen bei Pflanzen und Tieren" bewirken. (UBA 2015, 8)

3.4.2 Positive Auswirkungen der Biogasgärrestdüngung auf die Bodenfauna

Hinsichtlich der Düngung mit Biogasgärresten zeigten Untersuchungen im Rahmen des Forschungsprojekts Gärrestversuch Bayern und des Microplot- und Minicontainerversuchs in Scheyern nach WALTER und BURMEISTER (2012) zum Zeitpunkt der Veröffentlichung, dass „der Einfluss der Gärrestdüngung auf die Bodentiere im Vergleich zu rein mineralischer Düngung eher als positiv gewertet werden" kann, im Vergleich zur Düngung mit Rindergülle ließen sich zu jenem Zeitpunkt noch „keine eindeutigen Unterschiede erkennen". (WALTER und BURMEISTER 2012, 44) Bei den Untersuchungen stellte sich heraus, dass sich Düngung mit organischem Material insgesamt positiv auf den Bestand von Regenwürmern sowie Springschwänzen und Milben in Form einer wesentlich höheren Individuendichte und Biomasse dieser Artengruppen gegenüber der Anwendung von rein mineralischem Dünger auswirkt. (WALTER und BURMEISTER 2012, 42-44)

3.5 Auswirkungen auf die menschliche Gesundheit

Auf das Risiko unangepasster Düngung für die menschliche Gesundheit in Folge von Nitratbelastungen und Umwandlungen zu Nitrit in Grundwasserkörpern, die zur Trinkwassergewinnung genutzt werden, wurde bereits in Kapitel 3.1.2 eingegangen.

Die Düngung mit Biogasgärresten hat in Bezug auf Gesundheitsrisiken Vorteile gegenüber unbehandelten Wirtschaftsdüngern tierischer Herkunft. Durch die Ausbringung von unbehandelten Wirtschaftsdüngern tierischer Herkunft kann es zum Beispiel in Folge von Abschwemmungen in angrenzende beziehungsweise nahe gelegene Badegewässer oder in Zuläufe von Badegewässer zu einer Gesundheitsgefährdung durch pathogene Mikroorganismen kommen. Denn zu den Haupteintragspfade von potenziell pathogenen Mikroorganismen in Badegewässer gehören Fäkalien infizierter Tiere (SCHINDLER 2014, Internet-Artikel) Auch Keime aus der Tierhaltung, stellen in diesem Zusammenhang eine Gefahr für die menschliche Gesundheit dar. (UBA 2015, 8) „Die von den verschiedenen Erregern ausgelösten Krankheitssymptome sind vielfältig und umfassen vor allem leichtere Magen-Darm-Beschwerden." (SCHINDLER 2014, Internet-Artikel). Die durch pathogene Mikroorganismen bedingten Gesundheitsrisiken sind bei der Gärrestdüngung wesentlich geringer. Nach LEBUHN und FRÖSCHLE (2012) findet bei der Biogasproduktion in der Anlage nämlich eine Hygienisierung des Ausgangsmaterials statt, bei der Krankheitserreger „mehr oder weniger deutlich abgetötet" werden. Das Ausmaß der Abtötung wird hierbei besonders durch „die Höhe der Prozesstemperatur und die Länge der tatsächlichen Verweilzeit im Prozess" (LEBUHN und FRÖSCHLE 2012, 59) beeinflusst. Somit erfüllen Gärreste aus der Fermentation nachwachsenden Rohstoffen wesentlich höhere hygienische Ansprüche als unbehandelte Wirtschaftsdünger tierischer Herkunft wie unbehandelte Rindergülle. Zur Erreichung eines optimalen Hygienestatus und damit zur Vermeidung bzw. Minimierung von Risiken für die menschliche Gesundheit raten LEBHUHN und FRÖSCHLE dennoch zur Beachtung einiger Empfehlungen für die Praxis, die in die Maßnahmen-Tabelle im nachfolgenden Kapitel eingearbeitet sind.

4 Maßnahmen zur Minimierung negativer Auswirkungen bzw. zur Förderung positiver Auswirkungen der Düngung mit Biogasgärresten

In der nachfolgenden Tabelle sind Maßnahmenempfehlungen in Bezug auf eine möglichst umweltverträgliche und ökologisch nachhaltige Düngung mit Biogasgärresten aufgeführt. Die Maßnahmen stammen teils aus einschlägigen Veröffentlichungen, teils in Anlehnung in die Düngeverordnung (DüV) (vgl. Kapitel 5.1.3) in die Tabelle eingearbeitet worden. Die Beurteilung des positiven Beitrags der jeweiligen Maßnahme auf die einzelnen Schutzgüter ist ausschließlich nach eigener Einschätzung erfolgt.

Erläuterung zur Tabelle:

0 = Maßnahme hat keine oder nur sehr geringe positive Auswirkungen auf das Schutzgut
+ = Maßnahme hat positive Auswirkungen auf das Schutzgut
++ = Maßnahme hat sehr positive Auswirkungen auf das Schutzgut

Schutzgüter: Maßnahmen:	Boden	Wasser	Luft und Klima	Flora und Fauna	menschliche Gesundheit
vor der Ausbringung:					
bei Ackerland: reduzierte Boden-bearbeitung (WALTER et al. 2012, 45)	++	+	+	+	+ (Risiko-vermeidung: insb. Reduktion der neg. Aus-wirkungen des Klimawandels durch geringere Treibhausgas-Emissionen)
geeignete Gärsubstrat-Lagerung sodass „keine Krankheits-erreger von frischem Material oder der Umwelt (z.B. auch durch Tiere) eingetragen werden können" (LEBUHN und FRÖSCHLE 2012, 68)	0	0	0	0	+ (Risiko-vermeidung in Bezug auf pathogene Mikro-organismen)

Fortsetzung

Schutzgüter: Maßnahmen:	Boden	Wasser	Luft und Klima	Flora und Fauna	menschliche Gesundheit
vor der Ausbringung (Fortsetzung):					
Ermittlung des Düngebedarfs der Kulturen, regelmäßig fachkundige Messung des Nährstoffgehalts des Gärsubstrats, betriebliche Nährstoff-vergleiche (gem. § 4 DüV bzw. WENDLAND 2012, 15) i.V.m. angepasster Ausbringung (s.u.)	+	++	+	+	+ (Risiko-vermeidung: insb. Reduktion der Nitrat-belastung im Grundwasser und Reduktion der neg. Aus-wirkungen des Klimawandels durch geringere THG-Emissionen)
Ausbringung:					
Einsatz von Stickstoff-Stabilisatoren und Stickstoff-bindenden Zusätzen, insb. bei Kulturen mit spätem Stickstoffbedarf (z.B. Mais) (KLUGE et al. 2008, 65)	++	++	+	0	+ (Risiko-vermeidung: insb. Reduktion der Nitrat-belastung im Grundwasser und Reduktion der neg. Aus-wirkungen des Klimawandels durch geringere THG-Emissionen)
zeitliche und mengenmäßige Ausbringung in der Form, dass die Nährstoffe von den Pflanzen weitestgehend ausgenutzt werden (gem. § 4 Abs. 4 DüV bzw. WENDLAND 2012, 15)	+	++	++	+	
Verwendung von möglichst wenig Gärsubstrat					
Ausbringung bei geeigneten Wetter-bedingungen					

Fortsetzung					
Schutzgüter: **Maßnahmen:**	**Boden**	**Wasser**	**Luft und** **Klima**	**Flora und** **Fauna**	**menschliche** **Gesundheit**
Ausbringung (Fortsetzung):					
Einhaltung der Mindestabstände zu oberirdischen Gewässern, je nach Ausbringungs-technik und Neigung des Geländes (i.d.R. mind. 3 m Abstand zwischen Ausbringungs-fläche und Böschungs-oberkante des Gewässers) (gem. § 3 Abs. 6 DüV bzw. WENDLAND 2012, 15)	+	++	0	++	+ (Risiko-vermeidung: z.b. durch Erhöhung der Wasserqualität von Bade-gewässern)
Anlage von breiten Gehölzstreifen, reihenförmigen Kurzumtriebs-plantagen oder extensivem Grünland an Stelle ackerbaulicher Nutzung als Pufferstreifen entlang von Gewässern	+	++	0	++	+ (Risiko-vermeidung: z.B. durch Erhöhung der Wasserqualität von Bade-gewässern)
Verwendung von Geräten mit Injektion in den Boden und genauer Abgabe, z. B. Güllegrubber (KEYMER 2012, 8)	+	+	++	+	+ (Risiko-vermeidung: insb. Reduktion der Nitrat-belastung im Grundwasser
Verwendung von Geräten mit bodennaher und genauer Düngerablage, z.B. Schleppschläuche (KEYMER 2012, 8)	+	+	+	+	und Reduktion der neg. Aus-wirkungen des Klimawandels durch geringere THG-Emissionen)

11

Fortsetzung					
Schutzgüter:	Boden	Wasser	Luft und Klima	Flora und Fauna	menschliche Gesundheit
Maßnahmen:					
Ausbringung (Fortsetzung):					
keine Ausbringung auf Ackerland vom 1.11. bis 31.1, auf Grünland vom 15.11. bis 31.1. (gem. § 4 Abs. 5 DüV)	+	+	+	+	+ (Risiko-vermeidung: insb. Reduktion der Nitrat-belastung im Grundwasser und Reduktion der neg. Aus-wirkungen des Klimawandels durch geringere THG-Emissionen)
keine Ausbringung, wenn der Boden überschwemmt, wassergesättigt, gefroren oder durchgängig höher als 5 cm mit Schnee bedeckt ist (gem. § 3 Abs. 5 DüV)	+	0	++	0	
nach der Ausbringung auf Ackerland:					
sofortige Einarbeitung in den Boden (gem. § 4 Abs. 2 DüV bzw. WENDLAND 2012, 15), insb. bei stark geneigten Flächen (WENDLAND 2012, 15)	+	+	++	0	+ (Risiko-vermeidung: insb. Reduktion der neg. Aus-wirkungen des Klimawandels durch geringere THG-Emissionen)

5 Instrumente zur Sicherstellung bzw. Förderung einer umweltverträglichen Düngung mit Biogasgärsubstrat

Das Kapitel soll einen Überblick über die Instrumente in Deutschland geben, die bei der Verwendung von Biogasgärresten zur Düngung vorrangig relevant sein können.

5.1 Gesetzliche Vorgaben auf nationaler Ebene

Die im Folgenden dargestellten Gesetze und Verordnungen sind im Zusammenhang mit der Verwendung von Biogasgärresten zur Düngung in Deutschland maßgeblich, wobei für den Düngeprozess an sich insbesondere die Düngeverordnung (vgl. Kapitel 4.1.3) die entscheidenden Vorgaben enthält.

Welche Gesetze und Verordnungen im konkreten Fall gelten, kann allerdings zum einen vom verwendeten Ausgangsmaterial abhängen. (WENDLAND 2012, 11) So ist bei einigen Vorgaben zum Beispiel entscheidend, ob es sich bei den Biogasgärresten um einen Wirtschaftsdünger oder um ein organisches Düngemittel handelt. „Sind die Gärreste aus der Vergärung von pflanzlichen Materialien aus landwirtschaftlichen, forstwirtschaftlichen oder gartenbaulichen Betrieben (auch gemischt mit tierischen Ausscheidungen) entstanden, werden sie als Wirtschaftsdünger betrachtet." (LfL 2015) Werden andere organische Stoffe, insbesondere Bioabfälle mitvergoren, gelten Biogasgärreste als organisches Düngemittel. (LfL 2015) Zum anderen können die gesetzlichen Vorgaben im konkreten Fall davon abhängen, ob das Gärsubstrat auf eigene Flächen ausgebracht oder an Andere abgegeben wird (WENDLAND 2012, 11).

5.1.1 Düngegesetz (DüngG)

„Das Düngegesetz enthält grundsätzliche Regelungen und Definitionen, es stellt die rechtliche Grundlage vieler weiterer Verordnungen in Deutschland dar" (WENDLAND 2012, 12).

5.1.2 Düngeverordnung (DüV)

Die Düngeverordnung regelt „die gute fachliche Praxis bei der Anwendung von Düngemitteln, Bodenhilfsstoffen, Kultursubstraten und Pflanzenhilfsmitteln auf landwirtschaftlich genutzten Flächen" gem. § 1 Nr. 1 DüV. Aus ihr ergeben sich auch zur Düngung mit Biogasgärresten zahlreiche konkrete Vorgaben, von denen einige in der Tabelle in Kapitel 4 übernommen wurden.

5.1.3 Düngemittelverordnung (DüMV)

Nur wenn Düngemittel den Vorgaben der Düngemittelverordnung entsprechen, dürfen sie auf landwirtschaftlichen Nutzflächen ausgebracht werden. (WENDLAND 2012, 13) Biogasgärreste, die zur Düngung verwendet werden, betrifft die Düngemittelverordnung daher sowohl als Wirtschaftsdünger als auch als organisches Düngemittel. Nach ihr dürfen Düngemittel „nur in Verkehr gebracht bzw. an Dritte abgegeben werden, wenn sie bei sachgerechter Anwendung die Fruchtbarkeit des Bodens, die Gesundheit von Menschen, Haustieren und Nutzpflanzen nicht schädigen und den Naturhaushalt nicht gefährden". (WENDLAND 2012, 13) In dieser Verordnung sind die zugelassenen Düngemitteltypen sowie diejenigen „organische(n) Stoffe und Aufbereitungshilfsmittel, die für die Herstellung eines Düngemittels verwendet werden können", aufgeführt. (WENDLAND 2012, 13) „Für das Inverkehrbringen von Wirtschaftsdünger" – also insbesondere die Abgabe bzw. das Anbieten von Wirtschaftsdünger an Andere – sind in der Düngemittelverordnung „Grenzwerte für Schadstoffe festgesetzt sowie Anforderungen an die Seuchen- und Phytohygiene formuliert". (WENDLAND 2012, 13) Hierbei beziehen sich die seuchenhygienischen Anforderungen insbesondere auf die entsprechende Kennzeichnung von Wirtschaftsdünger, in dem Salmonellen enthalten sind. (WENDLAND 2012, 13)

5.1.4 Bioabfallverordnung (BioAbfV)

Für die Verwertung, Behandlung und Untersuchung von Bioabfällen, die zur Düngung genutzt werden, gilt die Bioabfallverordnung. Sie umfasst auch „eine Stoffliste, die grundsätzlich geeignete Abfälle für die landwirtschaftliche Verwertung enthält". (WENDLAND 2012, 14)

Biogasgärreste zur Düngung unterliegen dieser Verordnung dann, wenn es sich dabei um ein organisches Düngemittel handelt. (LfL 2015)

5.1.5 Gesetzliche Vorgaben für den ökologischen Landbau

Für die Düngung im ökologischen Landbau (Bio-Landbau) sind Biogasgärreste aus nachwachsenden Rohstoffen gem. Art. 3 i.V.m. Anh. I Durchführungsverordnung (EG) Nr. 889/2008 als Düngemittel grundsätzlich zugelassen, soweit die Düngung - wie auch bei allen anderen zugelassenen Düngemitteln - gemäß den einschlägigen Bestimmungen erfolgt. (eigene Recherche, vgl. Durchführungsverordnung (EG) Nr. 889/2008)

Neben der zuletzt erwähnten Durchführungsverordnung gelten für die Düngung bei der Pflanzenproduktion im Bio-Landbau insbesondere die Vorgaben der EG-Öko-Basisverordnung (EG) Nr. 834/2007.

5.2 Förderinstrumente

Instrumente zur finanziellen Förderung, die dazu geeignet sind, möglichst umweltverträgliche Düngungsformen beziehungsweise eine umweltverträgliche Düngung mit Biogasgärresten zu fördern, sind nach eigener Einschätzung zum einen Direktzahlungen und Cross Compliance sowie zum anderen Agrarumweltprogramme.

Zertifizierungsaudits spielen zwar im Zusammenhang mit nachhaltiger Biogasproduktion und nachhaltiger Landnutzung eine entscheidende Rolle. Die Recherche zu dieser Arbeit ergab aber, dass sie speziell bezogen auf umweltverträgliche Gärrestdüngung bislang wenig relevant sind, daher werden sie im Folgenden auch nicht behandelt.

5.2.1 Direktzahlungen an Landwirte und Cross Compliance (CC)

Direktzahlungen sind „bestimmte Beihilfen für die landwirtschaftlichen Betriebsinhaber, auf die diese nach dem EU-Recht bei Beachtung der geregelten Voraussetzungen einen Rechtsanspruch haben" und die „in vollem Umfang aus EU-Mitteln finanziert" werden. (StMELF Bayern 2016, Internet-Artikel)

Grundanforderungen im Gegenzug für die Direktzahlungen an Landwirte in der EU bildet die sogenannte Cross Compliance (CC) - „ein Mechanismus, mit dem Direktzahlungen an Landwirte an die Erfüllung von Auflagen im Bereich Umweltschutz, Lebensmittelsicherheit, Tier- und Pflanzengesundheit und Tierschutz sowie den Erhalt der landwirtschaftlichen Nutzfläche in gutem Bewirtschaftungs- und Umweltzustand gebunden sind. Diese Auflagenbindung ist für alle Landwirte, die von der EU Direktzahlungen erhalten verpflichtend. (EUROPÄISCHE KOMMISSION 2015, Internet-Artikel)

Die Direktzahlungen in der Landwirtschaft umfassen verschiedene Prämien, insbesondere die Basisprämie. Diese impliziert bei konventionell bewirtschaftenden größeren landwirtschaftlichen Betrieben (Betrieben, denen auf Grund ihrer Größe keine Direktzahlungen nach der Kleinerzeugerregelung zustehen und bei denen es sich um keine Betriebe des ökologischen Anbaus handelt) die sogenannte Greeningprämie, welche bestimmte Auflagen an die Landbewirtschaftung stellt. (StMELF Bayern 2016, Internet-Artikel) „Mit der Beantragung der Basisprämie verpflichtet sich der Betriebsinhaber auch zur Einhaltung der dem Klima- und Umweltschutz förderlichen Landbewirtschaftungsmethoden (Greening) auf allen seinen beihilfefähigen Flächen im gesamten Kalenderjahr" (StMELF Bayern 2016, Internet-Artikel) Das Greening umfasst die Bereitstellung Ökologischer Vorrangflächen

(ÖVF) auf mindestens fünf Prozent des bewirtschafteten Ackerlands, den Erhalt von Dauergrünland und die Anbaudiversifizierung (STMELF Bayern 2016, Internet-Artikel), es kann somit auch eine Reduktion unangepasster Düngung beziehungsweise eine Reduktion der düngungsbedingten negativen Umweltauswirkungen einschließen. Die Reduktion von düngungsbedingten Beeinträchtigungen im Zuge der beim Greening geforderten ÖVF ist nach eigener Einschätzung dann besonders hoch, wenn die ÖVF nach naturschutzfachlichen Gesichtspunkten angelegt und genutzt werden, zum Beispiel wenn sie als extensiv genutzte Pufferstreifen entlang von Gewässern in Form von beispielsweise Kurzumtriebsplantagen oder Grünland an Stelle einer intensiven ackerbaulichen Nutzung angelegt werden (vgl. Tabelle in Kapitel 4). Denn dann können die ÖVF weit über ihren eigenen Flächenumfang hinaus zu einer Reduktion düngungsbedingter Beeinträchtigungen beitragen.

5.2.2 Agrarumweltprogramme am Beispiel Kulturlandschaftsprogramm (KULAP) Bayern

Die Förderprogramme der Landwirtschaft sind je nach Bundesland unterschiedlich konzipiert. Im Zusammenhang mit der Förderung einer umweltverträglicher Düngung mit Biogasgärresten, die über die in der Düngeverordnung ohnehin vorgeschriebene „gute fachlichen Praxis" (vgl. Kapitel 5.1.3) hinaus geht, ist in Bayern nach eigener Einschätzung insbesondere das Kulturlandschaftsprogramm (KULAP) relevant.

Über das KULAP können Landwirte in Bayern „Ausgleichszahlungen für umweltschonende Bewirtschaftungsmaßnahmen" erhalten (STMELF Bayern 2016, Internet-Artikel). Das Programm beinhaltet explizit die Förderung der emissionsarmen Wirtschaftsdünger-ausbringung auf Grünland und Acker im Injektions- und Schleppschuhverfahren (vgl. Anlage 3 - Maßnahmenübersicht zum KULAP).

6   Fazit

Die Düngung mit Gärresten aus der Fermentation nachwachsender Rohstoffe kann auf eine umweltverträgliche Weise erfolgen.

In Bezug auf den Boden und die Bodenfauna ist die Düngung mit Gärresten insgesamt eher vorteilhaft gegenüber mineralischer Düngung. Die Düngung mit festen Gärresten führt gegenüber flüssigen Gärresten zu einem höheren Humusgehalt und einer höheren Aggregatstabilität des Bodens. Aus hygienischer Sicht bestehen bei der Düngung mit Gärresten als Wirtschaftsdünger Vorteile gegenüber nicht-fermentierten Wirtschaftsdüngern tierischer Herkunft.

Entscheidend für die Umweltverträglichkeit in Bezug auf alle behandelten Schutzgüter ist bei der Düngung mit Gärresten wie auch mit anderen Düngemitteln, dass die Ausbringung zum geeigneten Zeitpunkt, bei geeigneten Wetterbedingungen und in einem an den Nährstoffbedarf der Pflanzen angepassten, möglichst geringen Umfang erfolgt. Um eine angepasste Düngung sicherzustellen, muss bei Gärresten neben dem Düngebedarf der Kulturen auch im konkreten Fall regelmäßig der Nährstoffgehalt des Gärsubstrats und in Abhängigkeit davon die auszubringende Menge fachgemäß ermittelt werden.

Die Düngeverordnung (DüV) bildet das zentrale gesetzliches Instrument zur Sicherstellung einer angepassten Düngung. Sie regelt die „gute fachliche Praxis" (vgl. § 1 Nr. 1 DüV) der Düngung und enthält viele konkrete Vorgaben zur Düngung.

Über die Düngeverordnung hinaus gibt es zahlreiche weitere Maßnahmen, die einer umweltverträglichen Düngung mit Gärresten dienen. Dazu gehören die Verwendung von Geräten zur Injektion in den Boden beziehungsweise zur bodennahen genauen Düngerabgabe, die Anlage von Gehölzstreifen, reihenförmigen Kurzumtriebsplantagen oder extensivem Grünland als Pufferstreifen entlang von Gewässern. Zur finanziellen Förderung solcher Maßnahmen gibt es geeignete Förderinstrumente, unter anderem Agrarumweltprogramme wie in Bayern zum Beispiel das Kulturlandschaftsprogramm (KULAP).

Dennoch ist unangepasste Düngung, insbesondere Überdüngung und in der Folge zum Beispiel die Nitratbelastung des Grundwassers nach wie vor ein erhebliches Problem in Deutschland. Das hängt wahrscheinlich auch damit zusammen, dass die Kontrolle und damit auch die Möglichkeit des gezielten Vorgehens gegen unangepasste Düngung entgegen der guten fachlichen Praxis gemäß der Düngeverordnung im konkreten Fall schwierig zu gewährleisten ist. Eine flächendeckende ständige Kontrolle der Düngung ist sicherlich kaum möglich. Nach eigener Einschätzung mangelt es aber auch von politischer Seite bislang an Interesse an einer gezielten Vorgehensweise gegen unangepasste Düngung.

Seitens des Naturschutzes, insbesondere des privaten Naturschutzes, herrscht beim Thema Gärrestdüngung nach eigener Erfahrung häufig eine eher kritische bis ablehnende Haltung vor. Positive Aspekte der Düngung mit Gärsubstrat werden hier nach eigener Einschätzung oft noch zu wenig berücksichtigt, zum Beispiel Erkenntnisse zu den positiven Auswirkungen auf den Boden und die Bodenfauna. Die oft kritische bis ablehnende Haltung gegenüber der Gärrestdüngung liegt vermutlich zum Teil eher in den negativen Umweltauswirkungen des Baus und Betriebs von Biogasanlagen und dem meist intensiven, auf wenige Kulturen beschränkten und großflächigen Anbau von Energiepflanzen begründet als in der Gärrestdüngung an sich.

Wenn die Ausbringung von Gärresten aus der Fermentation nachwachsender Rohstoffe in einer umweltverträglichen Weise und zudem auf denselben Flächen erfolgt, auf denen die nachwachsenden Rohstoffe für die Biogaserzeugung auch geerntet bzw. gemäht werden, so kann diese Düngungsform einen „bilanziell weitgehend geschlossenen Nährstoffkreislauf" (KEYMER 2012, 7) darstellen.

Literaturverzeichnis

BAYERISCHE LANDESANSTALT FÜR LANDWIRTSCHAFT (LfL) und BAYERISCHES LANDESAMT FÜR UMWELT (LfU) (2009): Wirtschaftsdünger und Gewässerschutz - Lagerung und Ausbringung von Wirtschaftsdüngern in der Landwirtschaft, Freising

BAYERISCHES LANDESAMT FÜR UMWELT (LfU) (2013): Ammoniak und Ammonium, Augsburg

BAYERISCHES LANDESAMT FÜR UMWELT (LfU) (2015): Grundwasser für die öffentliche Wasserversorgung: Nitrat und Pflanzenschutzmittel - Kurzbericht 2014, Augsburg

BAYERISCHES STAATSMINISTERIUM FÜR ERNÄHRUNG, LANDWIRTSCHAFT UND FORSTEN (StMELF) (2016): Förderwegweiser – Direktzahlungen
http://www.stmelf.bayern.de/agrarpolitik/foerderung/000958/
http://www.stmelf.bayern.de/agrarpolitik/092679/index.php
http://www.stmelf.bayern.de/agrarpolitik/foerderung/001007/index.php
(zuletzt abgerufen am 07.04.16)

BECK, ROBERT und BRANDHUBER, ROBERT (2012): Effekte der Gärrestdüngung auf Humus und Bodenstruktur – Zwischenbilanz. In: Bayerische Landesanstalt für Landwirtschaft (LfL) (Hrsg.): Düngung mit Biogasgärresten - effektiv-umweltfreundlich-bodenschonend - 10. Kulturlandschaftstag (Tagungsband), Freising, 49-57

DEUTSCHE BUNDESREGIERUNG (2013): Koalitionsvertrag zwischen CDU, CSU und SPD - Deutschland gestalten - 18. Legislaturperiode, Berlin
https://www.bundesregierung.de/Content/DE/_Anlagen/2013/2013-12-17-koalitionsvertrag.
pdf;jsessionid=8CDA4CB890070688DD9EB0D5991E8846.s7t1?__blob=publicationFile&v=2
(zuletzt abgerufen am 29.03.16)

EUROPÄISCHE GEMEINSCHAFT/ EUROPÄISCHE UNION (1991/2003): Richtlinie 91/676/EWG des Rates vom 12. Dezember 1991 zum Schutz der Gewässer vor Verunreinigung durch Nitrat aus landwirtschaftlichen Quellen (Nitrat-Richtlinie), geändert durch die Verordnung Nr. 1882/2003 des Europäischen Parlaments und des Rates vom 29. September 2003, Stand vom 26.03.16.
http://www.bmub.bund.de/fileadmin/bmu-import/files/pdfs/allgemein/application/pdf/rl_nitrat_91676ewg.pdf (zuletzt abgerufen am 26.03.16)

EUROPÄISCHE KOMMISSION (2015): Cross-Compliance - Erfüllung von Umweltschutzauflagen, letzte Aktualisierung am 22.04.15, http://ec.europa.eu/agriculture/envir/cross-compliance/index_de.htm (zuletzt abgerufen am 07.04.16)

FACHAGENTUR NACHWACHSENDE ROHSTOFFE e.V. (FNR) (2015): Jahresbericht 2014/2015, Gülzow-Prüzen

HABER, NORBERT; KLUGE, RAINER; WAGNER, WOLFGANG; MOKRY, MARKUS; DEDERER, MANFRED; MESSNER, JÖRG (2008): Inhaltsstoffe von Gärprodukten und Möglichkeiten zu ihrer geordneten pflanzenbaulichen Verwertung – Projektbericht, Landwirtschaftliches Technologiezentrum Augustenberg (LTZ), Augustenberg.
http://www.landwirtschaft-bw.info/site/pbs-bw-new/get/documents/MLR.LEL/PB5Documents/mlr/pdf/f/Forschungsreport%202008%20-%20Projektbericht%20Grprodukte%20mit%20Anhang.pdf (zuletzt abgerufen am 26.03.16)

KEYMER, ULRICH (2012): Der Wert von Biogasgärresten. In: Bayerische Landesanstalt für Landwirtschaft (LfL): Düngung mit Biogasgärresten - effektiv-umweltfreundlich-bodenschonend - 10. Kulturlandschaftstag (Tagungsband), Freising, 7-10

LEBUHN, MICHAEL und FRÖSCHLE, BIANCA: Hygienische Aspekte beim Einsatz von Gärresten. In: Bayerische Landesanstalt für Landwirtschaft (LfL) (Hrsg.): Düngung mit Biogasgärresten - effektiv-umweltfreundlich-bodenschonend - 10. Kulturlandschaftstag (Tagungsband), Freising, 59-71

LICHTI, FABIAN; WENDLAND, MATTHIAS; SCHMIDHALTER, URS; OFFENBERGER, KONRAD (2012): Die Nährstoffwirkung von Biogasgärresten. In: Bayerische Landesanstalt für Landwirtschaft (LfL) (Hrsg.): Düngung mit Biogasgärresten - effektiv-umweltfreundlich-bodenschonend - 10. Kulturlandschaftstag (Tagungsband), Freising, 17-20

MÖLLER, KURT; SCHULZ, RUDOLF; MÜLLER, TORSTEN (2009): Mit Gärresten richtig düngen - Aktuelle Informationen für Berater, Institut für Pflanzenernährung, Universität Hohenheim

NOVA-INSTITUT GmbH (2004): Vom Gärprodukt zum Holzwerkstoff – eine innovative Verwendung von Gärprodukten, Pressemitteilung vom 29. 07.14, Hürth

SCHINDLER, PETER (2014): Gefahren und Risiken beim Baden in Gewässern, Artikel, Bayerisches Landesamt für Gesundheit und Lebensmittelsicherheit (LGL), Erlangen.
http://www.lgl.bayern.de/gesundheit/hygiene/wasser/badeseen/gefahren_risiken_baden.htm (zuletzt abgerufen am 29.03.16)

UMWELTMINISTERIUM (UM) und MINISTERIUM FÜR ERNÄHRUNG UND LÄNDLICHEN RAUM (MLR) BADEN-WÜRTTEMBERG (2008): Merkblatt Gülle-Festmist-Jauche-Silagesickersaft-Gärreste - Gewässerschutz (JGS-Anlagen), Stuttgart

UMWELTBUNDESAMT (UBA) (2009): Integrierte Strategie zur Minderung von Stickstoffemissionen, Dessau

UMWELTBUNDESAMT (2015a): Umweltprobleme der Landwirtschaft – 30 Jahre SRU-Sondergutachten, Dessau

UMWELTBUNDESAMT (2015b): Stickstoff, Artikel vom 03.03.15.
http://www.umweltbundesamt.de/themen/boden-landwirtschaft/umweltbelastungen-der-landwirtschaft/stickstoff (zuletzt abgerufen am 21.03.15)

WALTER, ROSWITHA und BURMEISTER, JOHANNES (2012): Effekte der Gärrestdüngung auf Bodentiere – Zwischenbilanz. In: Bayerische Landesanstalt für Landwirtschaft (LfL) (Hrsg.): Düngung mit Biogasgärresten - effektiv-umweltfreundlich-bodenschonend - 10. Kulturlandschaftstag (Tagungsband), Freising, 31-47

WENDLAND, MATTHIAS (2012): Rechtliche Grundlagen beim Einsatz von Gärresten. In: Bayerische Landesanstalt für Landwirtschaft (LfL): Düngung mit Biogasgärresten - effektiv-umweltfreundlich-bodenschonend - 10. Kulturlandschaftstag (Tagungsband), Freising, 11-16

Verweise auf Gesetze, Verordnungen und Richtlinien

Bioabfallverordnung (BioAbfV) (Verordnung über die Verwertung von Bioabfällen auf landwirtschaftlich, forstwirtschaftlich und gärtnerisch genutzten Böden) in der Fassung der Bekanntmachung vom 4. April 2013 (BGBl. I S. 658), die zuletzt durch Artikel 5 der Verordnung vom 5. Dezember 2013 (BGBl. I S. 4043) geändert worden ist

Durchführungsverordnung (EG) Nr. 889/2008 der Europäischen Kommission vom 5. September 2008 mit Durchführungsvorschriften zur Verordnung (EG) Nr. 834/2007 des Rates **über die ökologische/biologische Produktion und die Kennzeichnung von ökologischen/biologischen Erzeugnissen** hinsichtlich der ökologischen/biologischen Produktion, Kennzeichnung und Kontrolle, ABl. Nr. L 250 vom 18.09.2008, zuletzt geändert am 19.12.2014

Düngegesetz (DüngG) in der Fassung der Bekanntmachung vom 9. Januar 2009 (BGBl. I S. 54, 136), das zuletzt durch Artikel 370 der Verordnung vom 31. August 2015 (BGBl. I S. 1474) geändert worden ist

Düngemittelverordnung (DüMV) (Verordnung über das Inverkehrbringen von Düngemitteln, Bodenhilfsstoffen, Kultursubstra-ten und Pflanzenhilfsmitteln) in der Fassung der Bekanntmachung vom 5. Dezember 2012 (BGBl. I S. 2482), die durch Artikel 1 der Verordnung vom 27. Mai 2015 (BGBl. I S. 886) geändert worden ist

Düngeverordnung (DüV) (Verordnung über die Anwendung von Düngemitteln, Bodenhilfsstoffen, Kultursubstraten und Pflanzenhilfsmitteln nach den Grundsätzen der guten fachlichen Praxis beim Düngen) in der Fassung der Bekanntmachung vom 27. Februar 2007 (BGBl. I S. 221), die zuletzt durch Artikel 5 Absatz 36 des Gesetzes vom 24. Februar 2012 (BGBl. I S. 212) geändert worden ist

Gemeinsame Richtlinien der Bayerischen Staatsministerien für Ernährung, Landwirtschaft und Forsten (StMELF) und für Umwelt und Verbraucherschutz (StMUV) **zur Förderung von Agrarumwelt-, Klima- und Tierschutzmaßnahmen (AUM) in Bayern** vom 18. Dezember 2014 in der Fassung vom 10. Dezember 2015, einschließlich:
Anlage 3 - Maßnahmenübersicht (KULAP), II. **Kulturlandschaftsprogramm (KULAP)** gemäß Artikel 28 und 29 der Verordnung (EU) Nr. 1305/2013,
Anlage 4 - Maßnahmenübersicht (VNP), III. **Vertragsnaturschutzprogramm inkl. Erschwernisausgleich (VNP)** gemäß Artikel 28 der Verordnung (EU) Nr. 1305/2013